Manikandan Murugesan
Seethalakshmi Vijaykumar
Saranya Govindarajan

Melhoria do desempenho da SRAM FINFET utilizando diferentes materiais de porta

Manikandan Murugesan
Seethalakshmi Vijaykumar
Saranya Govindarajan

Melhoria do desempenho da SRAM FINFET utilizando diferentes materiais de porta

Imprint

Any brand names and product names mentioned in this book are subject to trademark, brand or patent protection and are trademarks or registered trademarks of their respective holders. The use of brand names, product names, common names, trade names, product descriptions etc. even without a particular marking in this work is in no way to be construed to mean that such names may be regarded as unrestricted in respect of trademark and brand protection legislation and could thus be used by anyone.

Cover image: www.ingimage.com

This book is a translation from the original published under ISBN 978-620-2-09428-3.

Publisher:
Sciencia Scripts
is a trademark of
Dodo Books Indian Ocean Ltd. and OmniScriptum S.R.L publishing group

120 High Road, East Finchley, London, N2 9ED, United Kingdom
Str. Armeneasca 28/1, office 1, Chisinau MD-2012, Republic of Moldova, Europe
Printed at: see last page
ISBN: 978-620-7-96934-0

ÍNDICE

CAPÍTULO 1 INTRODUÇÃO

A fim de ultrapassar os desafios da litografia e do aumento do desempenho, foram propostas novas

estruturas de dispositivos para a tecnologia da próxima geração, tais como MOSFET de silício sobre

isolador (SOI), MOSFET de porta dupla (DG), MOSFET de SiGe, FET de nanotubos de carbono,

CMOS de baixa temperatura e até dispositivos de pontos quânticos [1]. Entre eles, o SOI e o DG são

os mais interessantes devido à compatibilidade do processo/fabrico com a tecnologia CMOS

convencional e às caraterísticas ideais do dispositivo devido ao acoplamento elétrico das duas portas

[2].

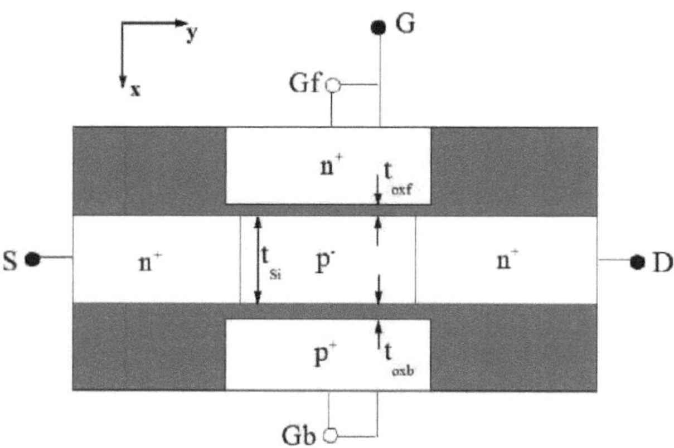

Figura 1.1 Vista superior esquemática de um nFET de porta dupla (DG).

As portas frontais e traseiras são acopladas eletricamente para controlar melhor os efeitos de canal

curto (SCE), reduzindo substancialmente o abaixamento da barreira induzida pelo dreno (DIBL) e a

inclinação do sublimiar S [1]. Por conseguinte, os dispositivos DG são os mais adequados para

projectos de baixo consumo, uma vez que permitem uma redução significativa da potência de espera,

juntamente com um aumento do desempenho.

Uma vez que o dispositivo DG tem dois canais idênticos, a capacitância total da porta é dividida por

dois para comparar o desempenho para a mesma largura de dispositivo com a do dispositivo bulk-Si.

O MOSFET DG apresenta caraterísticas de dispositivo muito superiores às dos seus homólogos bulk-

Si, com uma inclinação muito inferior do sublimiar S e um DIBL muito suprimido (= 35mV/V contra 105mV/V), o que proporciona uma redução de mais de 10X na .

CAPÍTULO 2 INQUÉRITO BIBLIOGRÁFICO

Este capítulo fornece uma breve ideia sobre a pesquisa bibliográfica efectuada para este trabalho de projeto. Algumas das referências são aqui explicadas juntamente com a técnica utilizada, os méritos e deméritos.

2.1 CMOS DE PORTA DUPLA (DGCMOS)

Visão geral

A arquitetura CMOS de porta dupla (DGCMOS) oferece vantagens distintas para o escalonamento para comprimentos de porta muito curtos. Além disso, a adoção de dieléctricos de porta com permissividade substancialmente superior à do SiO2 (os chamados "materiais high-k") pode ser adiada se for utilizada uma arquitetura DGCMOS. Anteriormente, sérios desafios estruturais tornaram insustentável a adoção de DGCMOS. Recentemente, através da utilização do dispositivo delta, atualmente designado por FinFET, foram demonstrados avanços significativos na tecnologia e no desempenho dos dispositivos DGCMOS [1]. O fabrico do FinFET-DGCMOS é muito próximo do processo CMOS convencional, com apenas pequenas perturbações, oferecendo o potencial para uma rápida implantação no fabrico. Os projectos de produtos planares foram convertidos para FinFET-DGCMOS sem perturbações na área física, demonstrando assim a sua compatibilidade com a atual metodologia de projeto CMOS planar e com as técnicas de automatização.

Méritos

1) Redução das correntes de fuga do canal e da porta.

2) Utiliza-se um dielétrico elevado para superar o tunelamento.

De-Merits

1) Menor estabilidade

2) Mais ruído

2.2 DISPOSITIVOS DE PORTA SIMÉTRICOS VS. DISPOSITIVOS DE PORTA ASSIMÉTRICOS

Visão geral

São apresentados resultados numéricos de simulação de dispositivos, complementados por caracterizações analíticas, para argumentar que o CMOS assimétrico de porta dupla (DG), utilizando portas de polissilício n+ e p+, pode ser superior aos seus homólogos de porta simétrica por várias razões, das quais apenas uma é o seu controlo da tensão de limiar anteriormente referido. O resultado mais notável é que os MOSFETs DG assimétricos, concebidos de forma optimizada com apenas um canal predominante, produzem correntes de acionamento comparáveis e mesmo superiores a baixas tensões de alimentação [2]. As simulações fornecem ainda uma boa perspetiva física relativamente à conceção de dispositivos DG com comprimentos de canal de 50 nm ou menos.

Méritos

1) O rendimento é maior nos MOSFET DG assimétricos

2) Acionamento de corrente elevada a um nível mais baixo do que o MOSFET DG simétrico.

Deméritos

1) Porta "underlap".

2) Baixo desempenho.

2.3 ANÁLISE DA POTÊNCIA DE FUGA

Visão geral

Potência de fuga e dependência do padrão de entrada da fuga para uma escala extremamente reduzida

(= 25 nm)

Os circuitos de porta dupla (DG) são analisados em comparação com os circuitos convencionais de bulk-Si. São apresentados resultados de simulações numéricas bidimensionais baseadas na física para a potência do dispositivo/circuito CMOS DG, identificando que a tecnologia DG é uma candidata ideal para aplicações de baixo consumo [3]. As caraterísticas únicas dos dispositivos DG resultantes do acoplamento porta-porta são discutidas e eficazmente exploradas para uma conceção optimizada de dispositivos de baixa fuga. Sugerem-se soluções de compromisso de conceção para a potência e o desempenho do DGCMOS para aplicações de baixa potência e de elevado desempenho. Os consumos totais de energia dos circuitos estáticos e dinâmicos e dos trincos para o dispositivo DG, tendo em conta a dependência do estado, mostram que as correntes de fuga para os circuitos DG são reduzidas por um fator superior a 10, em comparação com o dispositivo equivalente em Si.

Méritos

1) Baixa potência de fuga.

2) Alto desempenho.

3) A temperatura elevada permite uma maior poupança de energia.

Deméritos

1) A potência total é reduzida quando a potência dinâmica se torna dominante a uma frequência mais elevada.

2.4 TÉCNICA DE ARREDONDAMENTO DE CANTOS

Visão geral

O projeto pragmático de dispositivos de porta tripla (TG) é apresentado tendo em conta os efeitos de canto, os efeitos de canal curto e os perfis de dopagem do canal. É proposta uma nova estrutura de MOSFET TG com um processo de porta de polissilício, utilizando portas de polissilício assimétricas ($n+/p+$). É possível obter compatibilidade CMOS para aplicações em circuitos de elevado desempenho, tanto para o nFET como para o pFET. As caraterísticas superiores de sublimiar e o desempenho do dispositivo são analisados e validados por simulações numéricas 3D. São apresentadas comparações das caraterísticas do dispositivo com uma porta metálica de midgap [4].

Méritos

1) Os cantos arredondados podem melhorar o SCE e a corrente de acionamento.

2) Podem ser obtidos vários.

Deméritos

1) O desempenho do IV é fraco devido à baixa mobilidade do canal

2.5 TECNOLOGIA SOI

Visão geral

Neste documento, estudámos, pela primeira vez, o impacto do efeito de corpo flutuante, das fugas do dispositivo e das fugas de tunelamento do óxido de porta na capacidade de leitura e escrita de uma célula SRAM PD/SOI CMOS sob variações de L e W em tecnologia sub-100 nm. O efeito de corpo flutuante mostra-se capaz de degradar a estabilidade de leitura, melhorando simultaneamente a capacidade de escrita. Por outro lado, a corrente de tunelamento da porta para o corpo melhora a estabilidade da leitura, ao mesmo tempo que degrada a capacidade de escrita. Mostra-se também que a utilização de transístores de células de óxido alto e espesso pode melhorar a fuga, a capacidade de leitura e de escrita sem causar uma degradação significativa do desempenho. O chip de teste é fabricado em tecnologia SOI de menos de 90 nm para mostrar a eficácia dos dispositivos de óxido alto e grosso na melhoria da estabilidade das células SRAM [5].

Méritos

1) Melhora a capacidade de escrita através do efeito de corpo flutuante.

Deméritos

1) Baixo rendimento.

2.6 CONCEPÇÃO DE SRAM COM BASE EM FINFET

Visão geral

As variações intrínsecas e o difícil controlo de fugas nos actuais MOSFETs bulk-Si limitam o escalonamento da SRAM. Neste trabalho, são apresentados os tradeoffs de design em células SRAM de seis transístores (6-T) e de quatro transístores (4-T). Verifica-se que as células SRAM de 6-T e 4-T baseadas em FinFET, projectadas com feedback incorporado, alcançam melhorias significativas na margem de ruído estático da célula (SNM) sem penalização da área [6]. É possível obter uma melhoria de até 2x na SNM em células SRAM baseadas em FinFET de 6-T. Uma célula SRAM baseada em 4-T FinFET com feedback incorporado pode atingir uma corrente de espera inferior a 100pA por célula e oferecer melhorias semelhantes na SNM como a célula 6-T com feedback, tornando-as atractivas para aplicações de baixa potência e baixa tensão.

Méritos

1) Menos corrente de fuga.

2) Alta densidade.

3) Baixo consumo de energia.

Deméritos

1) Foram utilizados transístores em suspensão, o que conduz a uma maior área.

CAPÍTULO 3 METODOLOGIA

3.1 FINFET

A caraterística do FinFET é o facto de o canal condutor estar enrolado numa fina película de silício, que forma o corpo do dispositivo. O FinFET, um doublegate não plano, é referido como um dispositivo quase plano, porque a aleta na direção vertical afecta o comportamento do dispositivo. O canal é verticalmente fino, assemelhando-se a uma barbatana, daí o nome. FinFET. As dimensões da aleta determinam o comprimento efetivo do canal e a largura da porta do dispositivo. A largura do FinFET pode ser aumentada desenhando facilmente várias aletas em paralelo. . O FinFET fornece o dobro da corrente por unidade de largura devido à sua natureza de porta dupla. Têm também o potencial de aumentar a mobilidade devido à inversão de volume. Os dispositivos verticais de dupla porta podem aumentar a corrente de acionamento sem aumento de área, optimizando a espessura do silício. Ao contrário dos dispositivos planares de porta simples e de porta dupla, a largura efectiva do canal FinFET é perpendicular ao plano do semicondutor. Por conseguinte, é possível aumentar a largura efectiva do canal e conduzir a corrente por unidade de área plana aumentando a altura das aletas. O fluxo de corrente é paralelo ao plano da bolacha. A espessura de uma única aleta é igual à espessura do canal de silício. Cada aleta fornece a largura do dispositivo, e é a altura de cada aleta.

3.2 PARÂMETROS DE CONCEPÇÃO FINFET PARA SRAM

Tabela 3.1 Parâmetros do dispositivo

Parameters	Dimensions
L_g(nm)	20
t_{ox}(nm)	1.2
N_{sub}(cm^{-3})	10^{16}
N_{sd}(cm^{-3})	10^{20}
V_{dd}(V)	1/1.2/1.5

3.3 conceção do dispositivo finfet no tcad

No TCAD, os módulos utilizados são:

Sentaurus Device - O Sentaurus Device simula as caraterísticas eléctricas, térmicas e ópticas de dispositivos semicondutores. É o simulador de dispositivos líder e lida com geometrias 1D, 2D e 3D, simulação de circuitos de modo misto com módulos compactos e dispositivos numéricos.

Inspect - O Inspect é uma ferramenta de plotagem e análise de dados xy, tais como perfis de dopagem e caraterísticas eléctricas de dispositivos semicondutores.

Dessis - Dessis é um simulador usado para simular os scripts.

3.3.1 Criação de dispositivos

Depois de abrir a janela do Sentaurus Device utilizando comandos, introduzir as coordenadas adequadas de cada região do dispositivo através da opção de extração de coordenadas e os materiais adequados para desenhar o dispositivo. A Fig. 3.1 apresenta uma representação 2D do N-FinFET desenhado no TCAD. O dispositivo é constituído por fonte, dreno, canal, óxido de silício como óxido de porta e poli-silício como porta,   espaçador de nitreto e   espessura de aleta. O FinFET é projetado. Para o tipo N,

A fonte e o dreno são dopados com materiais do tipo N, sendo aqui utilizado o fósforo. Os espaçadores de nitreto são utilizados para reduzir a capacitância parasita. Um FinFET do tipo P pode ser formado dopando a fonte e o dreno com materiais do tipo P e o Boro é utilizado para o P-FinFET. O canal deve ser dopado com outro tipo de materiais para a fonte/dreno do FinFET. A dopagem do canal é

(N&P FinFET), e a dopagem da fonte/dreno é   .

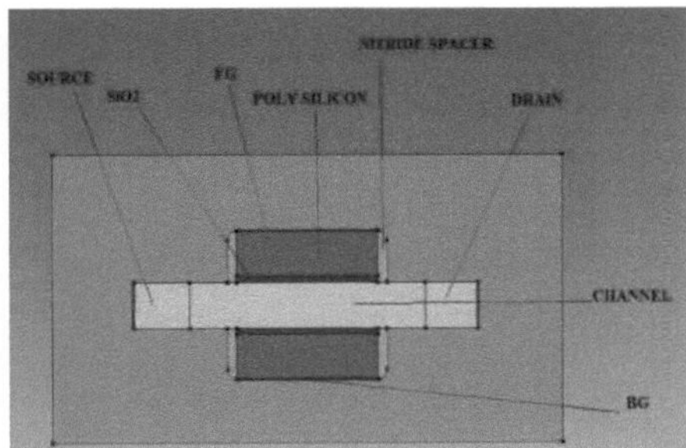

Fig 3.1 Estrutura 2-D FinFET

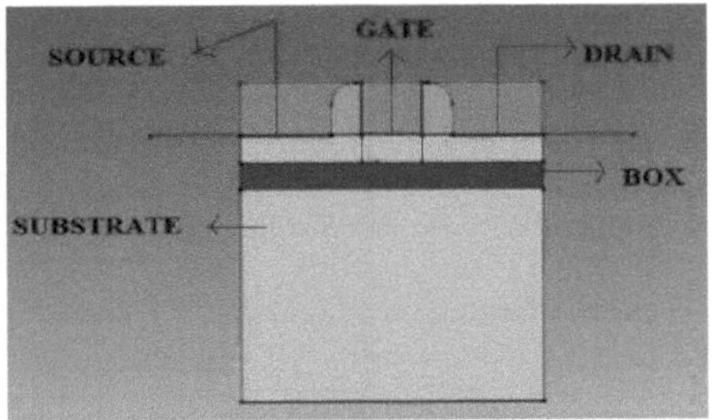

Fig 3.2 Estrutura SOI MOSFET 2-D

3.3.2 Malha

Depois de o dispositivo ser formado e a dopagem ser efectuada de acordo com o tipo de dispositivo requerido, o passo seguinte é a criação da malha. A malha é efectuada para obter os pontos da malha, incluindo a localização de todos os pontos discretos, também designados por nós ou vértices. O ficheiro de estrutura pode ser 1D, 2D ou 3D. Normalmente, são gerados pelo motor de malha. A Fig.3.3 é o diagrama de malha do dispositivo da Fig.3.1.

Os pontos da malha podem ser visualizados na figura, onde cada ponto da malha é simulado e processado durante a simulação. Se a malha for bem sucedida, é possível avançar para a etapa seguinte, caso contrário não é possível prosseguir. Por isso, é necessário ter cuidado para que o dispositivo seja corretamente engrenado. A simulação bem sucedida gera um ficheiro de extensão .tdr que contém informações sobre as regiões e os materiais do dispositivo, os perfis de dopagem, a localização dos contactos e os pontos de malha.

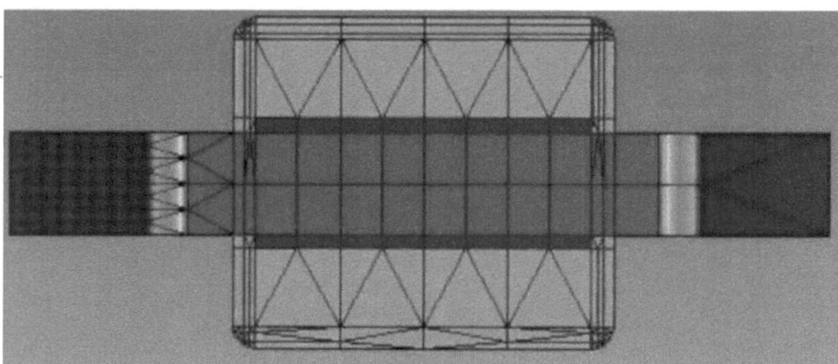

Fig.3.3 Dispositivo FinFET após a criação da malha

3.3.3Inspecionar a ferramenta

O Inspect é uma ferramenta de desenho e análise de dados xy, tais como perfis de dopagem e caraterísticas eléctricas de dispositivos semicondutores. Agora, utilizando esta ferramenta, o ficheiro do dispositivo com malha é dado como entrada para visualizar o formulário de saída.

3.3.4Ferramenta Tecplot

Trata-se de uma ferramenta alternativa utilizada para traçar e analisar o dispositivo. A vantagem desta ferramenta é que pode ser visualizado mais do que um dispositivo de malha de cada vez

NOTA: Nos capítulos seguintes, o material de porta "Polissilício" é designado por "Poly" e o Molibdénio é designado por "Moly".

CAPÍTULO 4 TRABALHOS ANTERIORES EFECTUADOS

Foram projectados FinFETs para três tecnologias diferentes, como 90nm, 60nm e 30nm. Foram analisadas as caraterísticas da corrente ligada, da corrente desligada e do inversor. Verificou-se que não há variação no rácio I_{on}/I_{off} dos dispositivos P-MOS para todas as tecnologias correspondentes. O material de porta utilizado nestes dispositivos foi o polissilício. O dispositivo de tecnologia de 30nm foi ajustado alterando a concentração de dopagem de modo a obter caraterísticas de inversor perfeitas. A célula SRAM 6-T foi construída utilizando a tecnologia de 30nm e o SNM foi calculado. Verificou-se que a SNM era de 0,29 V. Os parâmetros para as diferentes tecnologias são apresentados de seguida.

Tabela 4.1 Tecnologia de 90nm

PARÂMETROS	DIMENSÕES
Comprimento do portão (L_g)	90nm
Espessura do óxido de porta (t_{ox})	1,5nm
Espessura da alheta (X_{ext})	30nm
Dopagem conc. para fonte e dreno	1e+20
Dopagem conc. para o canal	1e+17

Tabela 4.2 Tecnologia de 60nm

PARÂMETROS	DIMENSÕES
Comprimento do portão (L_g)	60nm
Espessura do óxido de porta (t_{ox})	1,5nm
Espessura da alheta (X_{ext})	20nm

| Dopagem conc. para fonte e dreno | 1e+24(N),1e+18(P) |
| Dopagem conc. para o canal | 1e+15 |

Tabela 4.3 Tecnologia de 30nm

PARÂMETROS	DIMENSÕES
Comprimento do portão (L_g)	30nm
Espessura do óxido de porta (t)$_{0x}$	1,2nm
Espessura da alheta (X)$_{ext}$	9nm
Dopagem conc. para fonte e dreno	1e+24(N),1e+18(P)
Dopagem conc. para o canal	1e+15

CAPÍTULO 5 RESULTADOS E DISCUSSÕES

Os materiais das portas foram selecionados em termos de função de trabalho, que varia entre 4,2eV e 5,1eV, como o molibdénio, o tântalo, o tungsténio e o ouro. Cada material tem as suas próprias propriedades (físicas, químicas e eléctricas). Alguns dos factores importantes destes materiais correspondentes são enumerados a seguir.

Ouro

O ouro é o condutor altamente eficiente que pode transportar correntes minúsculas e permanecer livre de corrosão. A utilização em contactos resulta em falhas devido à elevada humidade.

Molibdénio

O mais baixo coeficiente de expansão térmica entre os metais utilizados comercialmente.

Tântalo

É utilizado como pó metálico na produção de componentes electrónicos como resistências e condensadores.

Tungsténio

A sua densidade é semelhante à do ouro e fortalece-se a altas temperaturas e com um elevado ponto de fusão.

Tabela 5.1 Propriedades de diferentes materiais de porta

Material	Símbolo	Função de trabalho (eV)	Resistividade (ohm m)	Ponto de fusão (Kelvin)	Condutividade (S/m)
Ouro	Au	5.1	2.44e-08	1337.3	4.10e+07
Molibdénio	Mo	4.2	53.4e-09	2896	17.3e+06
Tântalo	Ta	4.25	131e-09	1941	7.6e+04

Tungsténio	W	4.5	5.6e-08	3695	1.79e+07

5.1 SOBRE AS CARACTERÍSTICAS DE CORRENTE DO N-MOSFET (POLI)

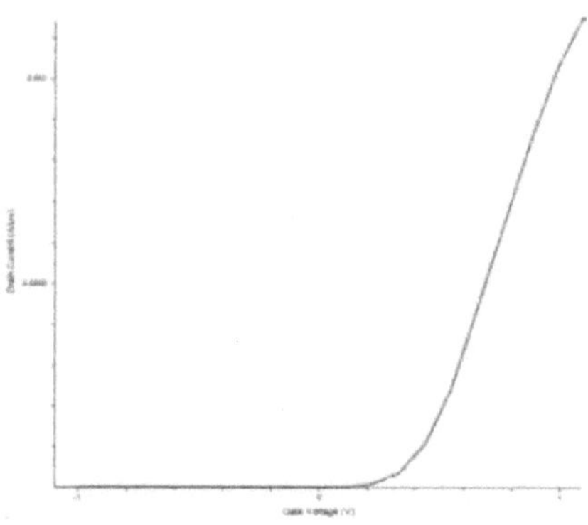

Fig.5.1 vs para N-Poly MOSFET (   )

5.2 CARACTERÍSTICAS DA CORRENTE DE DESACTIVAÇÃO PARA N-MOSFET (POLI)

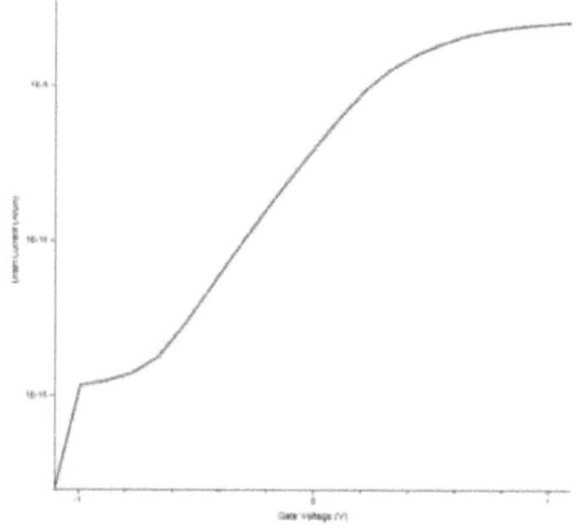

Fig.5.2 vs para N-Poly MOSFET (   )

Usando Polissilício (Poly) como material de porta, o dispositivo N-MOSFET foi construído e a corrente ON (I_{on}) foi encontrada como 1.158e-03A/μm e a corrente off ($I_{0\,ff}$) foi encontrada como

9.312e-08A/μm. O efeito de pico ocorre devido à presença de região de depleção presente abaixo da camada de óxido enterrado (BOX) do SOI MOSFET.

5.3 SOBRE AS CARACTERÍSTICAS DE CORRENTE PARA P-MOSFET (POLI)

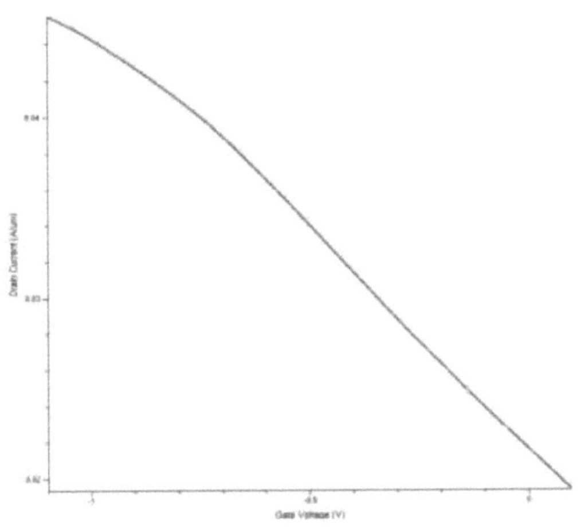

Fig.5.3 vs para MOSFET P-Poly (   )

5.4 CARACTERÍSTICAS DA CORRENTE DE DESACTIVAÇÃO PARA O PERMUTADOR DE CALOR P (POLI)

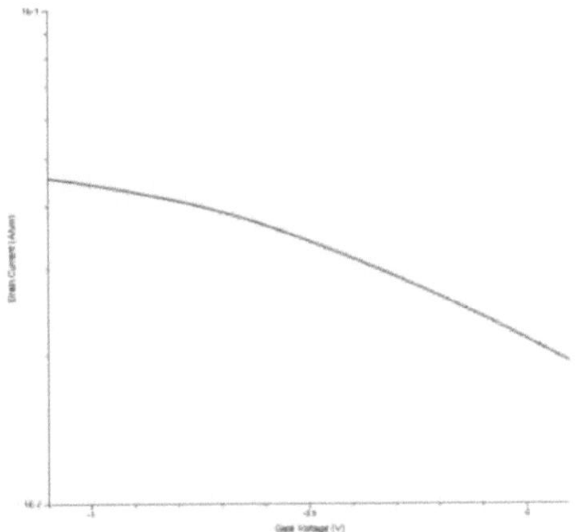

Fig.5.4 vs para P- Poly MOSFET (   )

Usando Polissilício (Poly) como material de porta, o dispositivo P-MOSFET foi construído e a corrente ON (I_{on}) foi encontrada para ser 4,553e-02A/µm e a corrente off ($I_{0\ ff}$) foi encontrada para ser 2,165e-02A/µm.

5.5 GRÁFICO SNM PARA CÉLULA SRAM MOSFET 6-T (POLI)

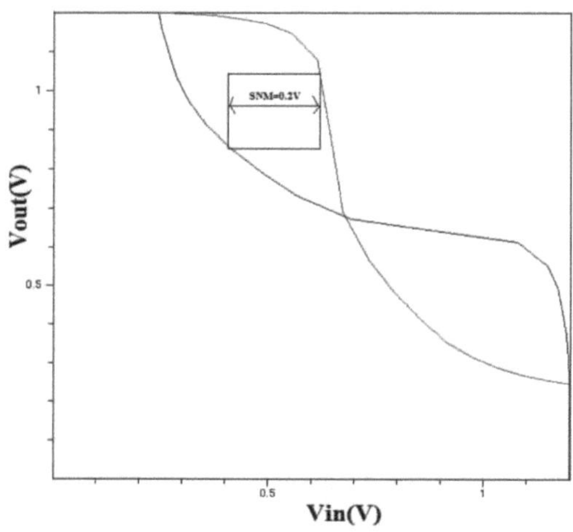

Fig.5.5 Gráfico SNM para Poly MOSFET SRAM

Utilizando Polissilício (Poly) como material de porta, a célula SRAM 6-T foi construída utilizando MOSFET e o valor SNM foi de 0,2V.

5.6 SOBRE AS CARACTERÍSTICAS DE CORRENTE PARA N-MOSFET (MOLY)

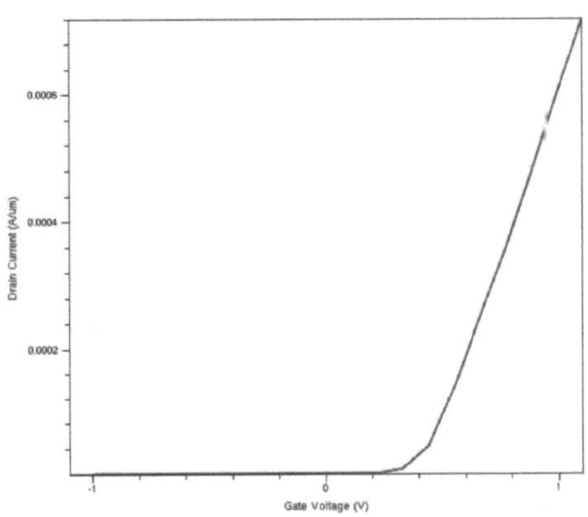

Fig.5.6 vs para MOSFET N-Moly (   )

5.7 CARACTERÍSTICAS DA CORRENTE DE DESACTIVAÇÃO PARA O N-MOSFET (MOLY)

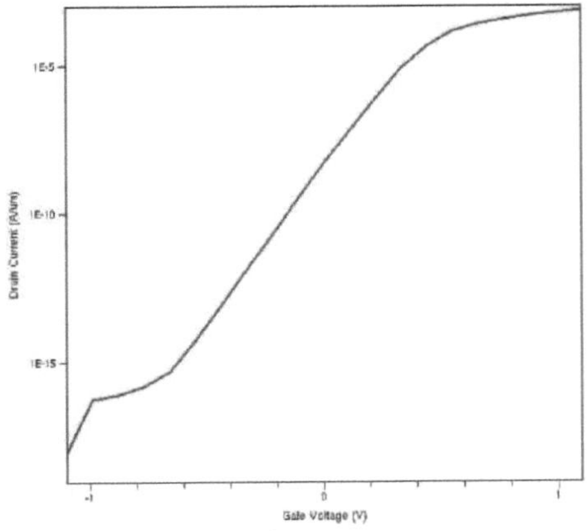

Fig.5.7 vs para MOSFET N-Moly (   )

Usando Molibdênio (Moly) como material de porta, o dispositivo N-MOSFET foi construído e a corrente ON (I_{0n}) foi encontrada em 7.204e-04A/μm e a corrente off (I_{0ff}) foi encontrada em 4.549e-

09A/µm. O efeito de pico ocorre devido à presença de região de depleção presente abaixo da camada de Óxido Enterrado (BOX) do SOI MOSFET.

5.8 SOBRE AS CARACTERÍSTICAS DE CORRENTE DO PERMUTADOR DE CALOR P (MOLY)

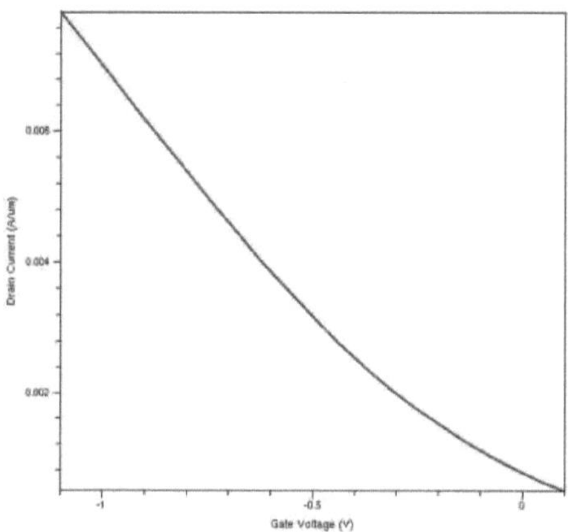

Fig.5.8 vs para MOSFET de P-Moly (   )

5.9 CARACTERÍSTICAS DA CORRENTE DE DESACTIVAÇÃO DO EMISSOR P (MOLY)

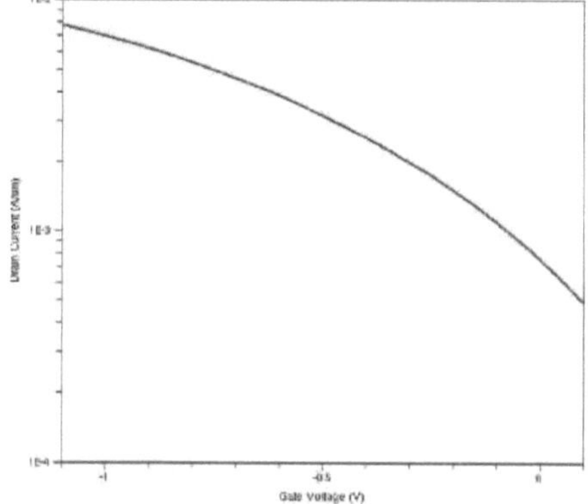

Fig.5.9 vs para P- Moly MOSFET (   )

Da mesma forma, usando Molibdênio (Moly) como material de porta, o dispositivo P-MOSFET foi construído e a corrente ON (I_{on}) foi encontrada em 7,844e-03A/μm e a corrente off (I_{off}) foi encontrada em 7,62e-04 A/μm.

5.10 GRÁFICO SNM PARA CÉLULA SRAM MOSFET 6-T (MOLY)

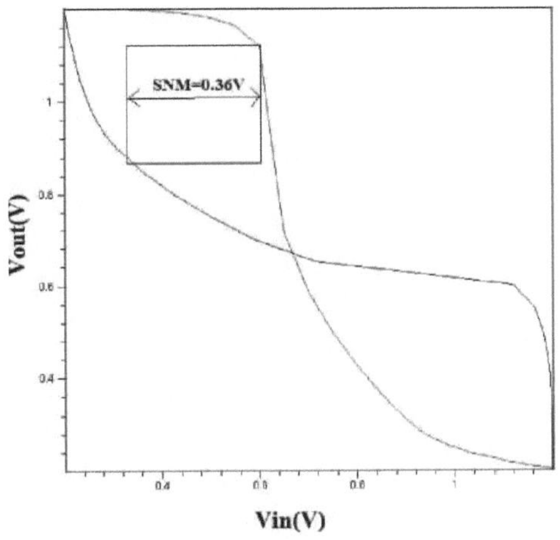

Fig.5.10 Gráfico SNM para SRAM com MOSFET de molibdénio

Utilizando molibdénio (Moly) como material de porta, a célula SRAM 6-T foi construída utilizando MOSFET e o valor SNM foi de 0,36V, o que proporciona um SNM melhor do que o dispositivo MOSFET de material de porta de poli-silício (fig.5.5)

5.11 SOBRE AS CARACTERÍSTICAS DE CORRENTE PARA N-FINFET (POLI)

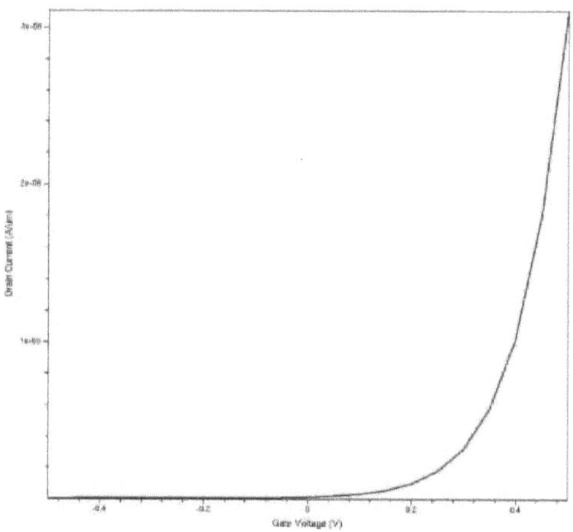

Fig.5.11 vs para N-Poly FinFET (   )

5.12 CARACTERÍSTICAS DA CORRENTE DE DESACTIVAÇÃO PARA N-FINFET (POLI)

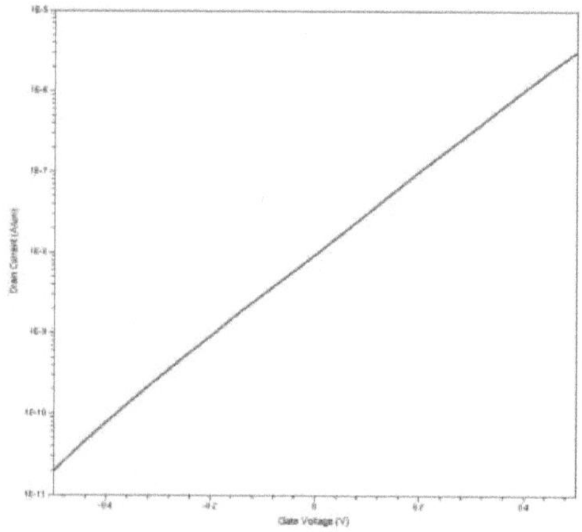

Fig.5.12 vs para N-Poly FinFET (   )

Usando Polysilicon (Poly), o dispositivo N-FinFET foi construído e a corrente ON ($I_{0\,n}$) foi encontrada como sendo 3.109e-06 A/μm e a corrente off ($I_{0\,ff}$) foi encontrada como sendo 4.9449e-9 A/μm.

5.13 SOBRE AS CARACTERÍSTICAS DE CORRENTE PARA P-FINFET (POLY)

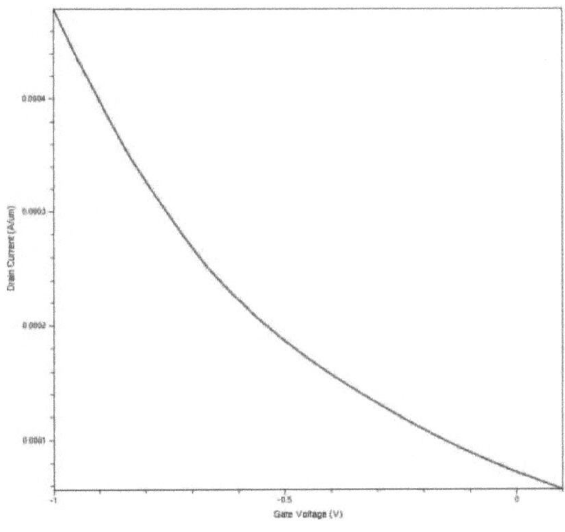

Fig.5.13 vs para P-FinFET (   )

5.14 CARACTERÍSTICAS DA CORRENTE DE DESACTIVAÇÃO DO P-FINFET (POLY)

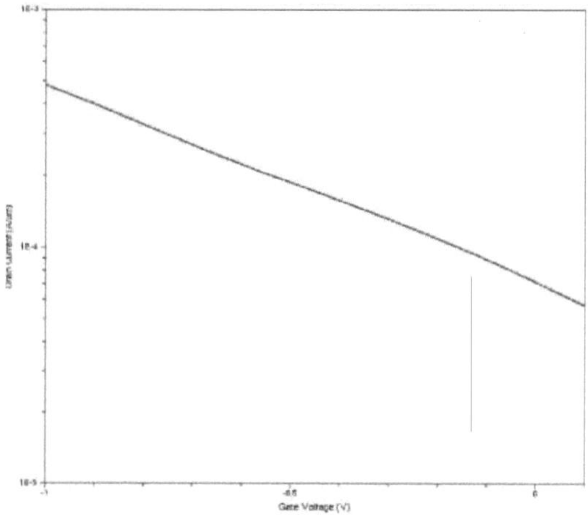

Fig.5.14 vs para P-FinFET (   )

Da mesma forma, usando o polissilício como material de porta, o dispositivo P-FinFET foi construído e a corrente ON (I_{0n}) foi encontrada em 4.794e-04 A/μm e a corrente off (I_{0ff}) foi encontrada em 7.173e-05 A/μm.

5.15 6-T FINFET SRAM SNM PLOT (POLY)

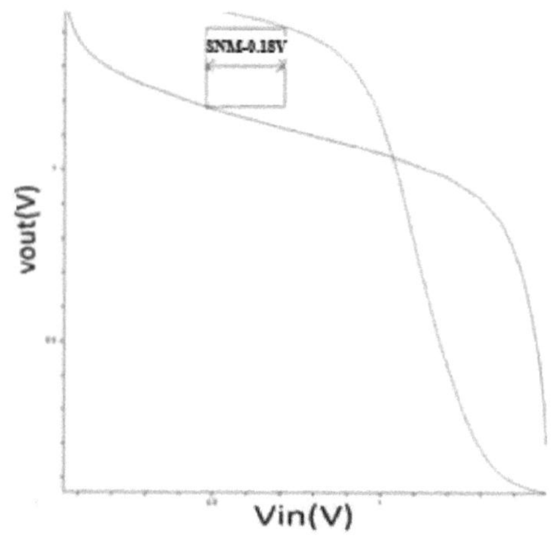

Fig.5.15 SRAM SNM Plot (Poly)

Utilizando o polissilício (Poly) como material de porta, a célula SRAM 6-T foi construída utilizando

FinFET e o valor SNM foi de 0,18V.

5.16 PORTA DE PASSAGEM DIVIDIDA (PARA GND) SRAM SNM PLOT - (POLI)

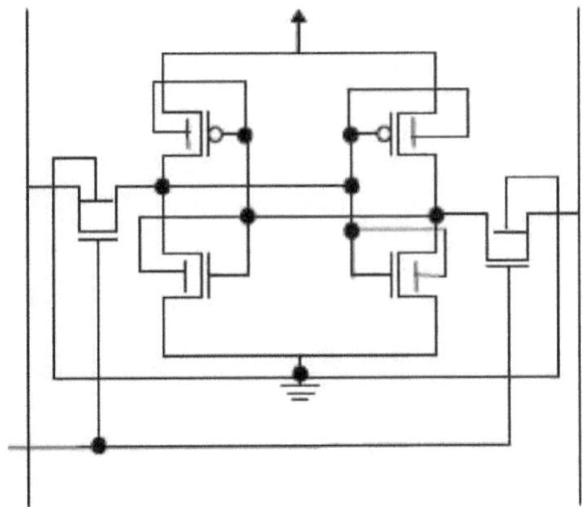

Fig.5.16 Vista esquemática da célula SRAM 6-T Split Pass Gate (to gnd)

Esta técnica é utilizada para melhorar o rácio de células dos transístores de passagem e dos

transístores pull-down, o que melhora a estabilidade da célula SRAM.

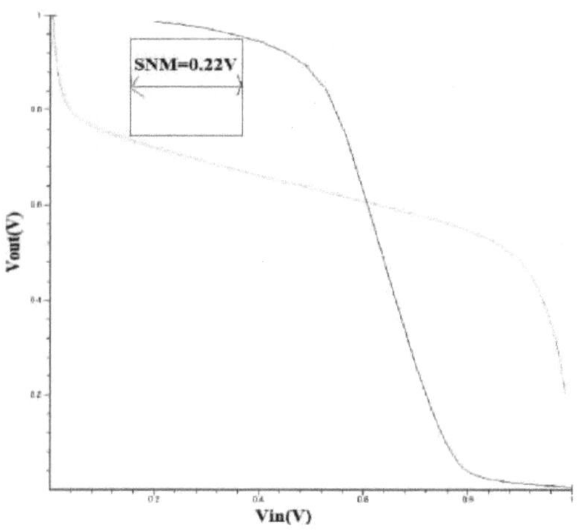

Fig.5.17 Gráfico SNM para célula SRAM 6-T Split Pass Gate (para gnd)

Utilizando o polissilício (Poly) como material de porta, a célula SRAM 6-T com porta Split Pass (para a terra) foi construída utilizando FinFET e o valor SNM foi de 0,18 V, o que melhora a estabilidade quando comparado com o método anterior (5,15)

5.17 CÉLULA SRAM DE PORTA MISTA/SPLIT GATE - (POLI)

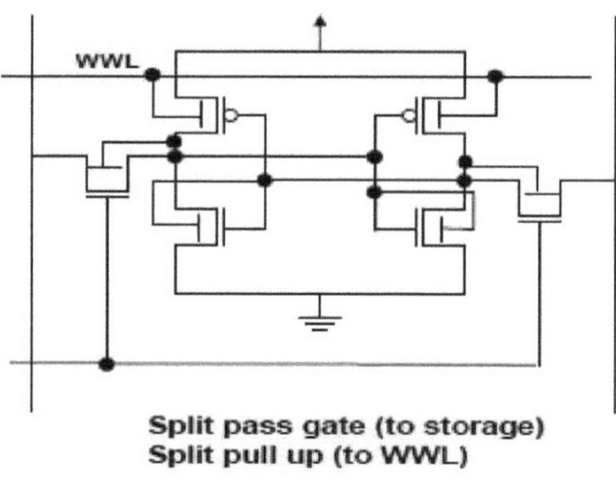

Fig.5.18 Vista esquemática da célula SRAM de porta de passagem mista/separada

Aqui, a porta de passagem está ligada ao nó de armazenamento e os transístores pull-up estão ligados ao nó WWL, o que melhora a estabilidade quando comparado com as técnicas anteriores.

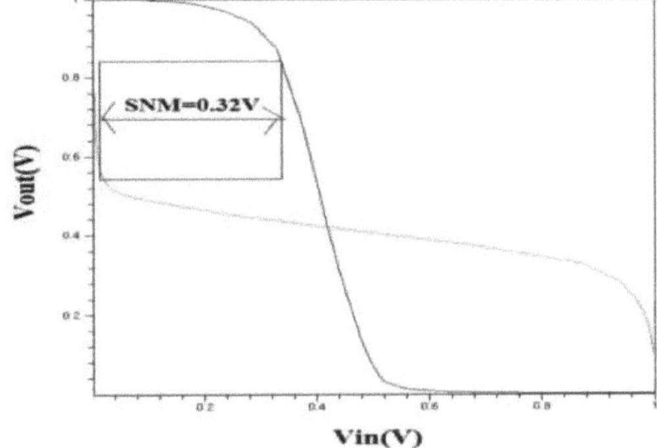

Fig.5.19 Gráfico SNM para célula SRAM de porta de passagem mista/separada

Utilizando o polissilício (Poly) como material de porta, a célula SRAM 6-T com porta de passagem mista/separada foi construída utilizando FinFET e o valor SNM foi de 0,32 V, o que melhora a estabilidade em comparação com os métodos anteriores (5.15 e 5.17).

5.18 SOBRE AS CARACTERÍSTICAS DE CORRENTE PARA N-FINFET (MOLY)

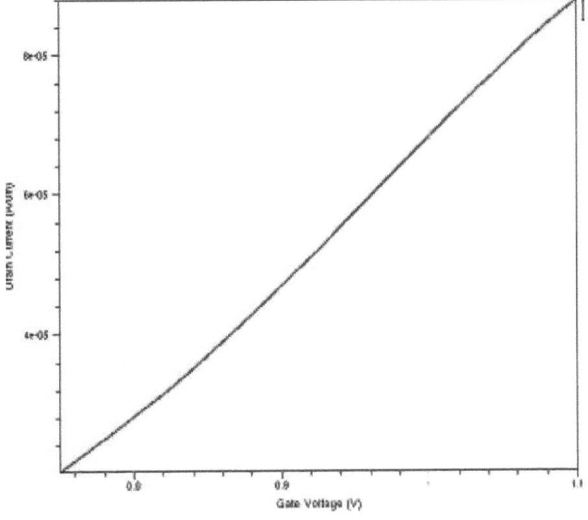

Fig.5.20 vs para N-Moly FinFET (   )

27

5.19 CARACTERÍSTICAS DA CORRENTE DE DESACTIVAÇÃO DO N-FINFET (MOLY)

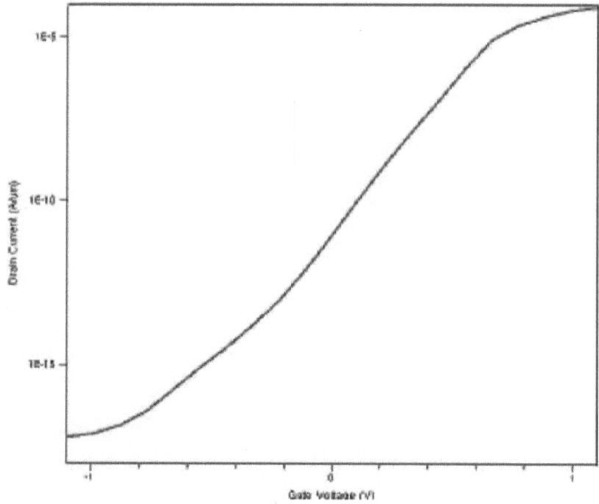

Fig.5.21 vs para N-Moly FinFET (   )

Usando Molibdénio (Moly), o dispositivo N-FinFET foi construído e a corrente ON (I_{0n}) foi encontrada como sendo 8.8e-05 A/µm e a corrente off (I_{0ff}) foi encontrada como sendo 8.77e- 12 A/µm.

5.20 SOBRE AS CARACTERÍSTICAS DE CORRENTE DO P-FINFET (MOLY)

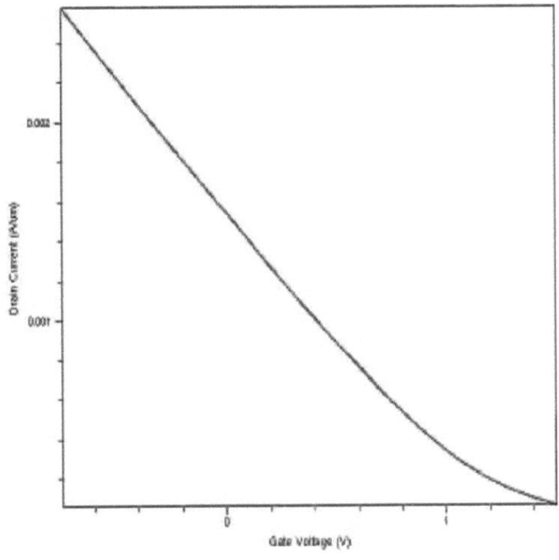

Fig.5.22 vs para P-Moly FinFET (   )

5.21 CARACTERÍSTICAS DA CORRENTE DE DESACTIVAÇÃO DO P-FINFET (MOLY)

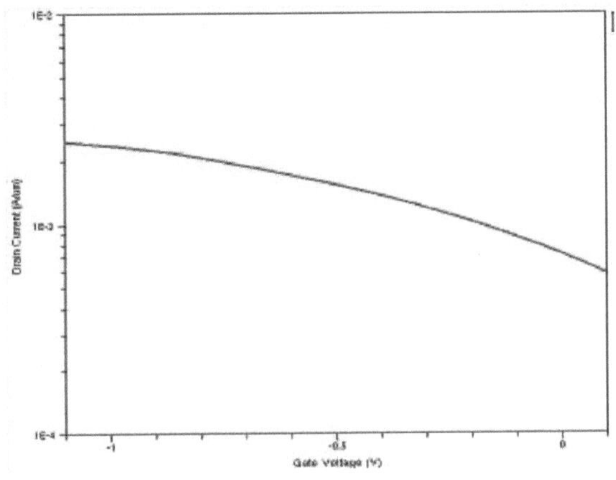

Fig.5.23 vs para P-Moly FinFET (   )

Usando Molibdénio (Moly), o dispositivo P-FinFET foi construído e a corrente ON (I_{0n}) foi encontrada como sendo 2,576e-08 A/μm e a corrente off (I0 ff) foi encontrada como sendo 7,226e-4

A/μm.

5.22 6-T FINFET SRAM SNM PLOT (MOLY)

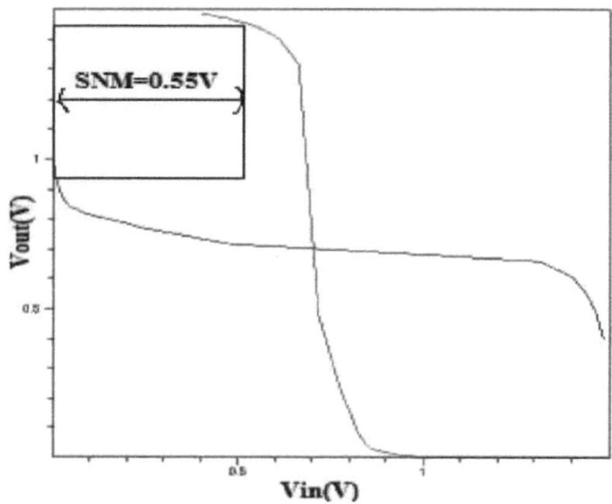

Fig.5.24 Gráfico SNM da SRAM 6-T FinFET (Moly)

Utilizando molibdénio (Moly) como material de porta, a célula SRAM 6-T foi construída utilizando

FinFET e o valor SNM foi de 0,55V.

5.23 CARACTERÍSTICAS DA CORRENTE DE LIGAÇÃO PARA N-FINFET (TÂNTALO)

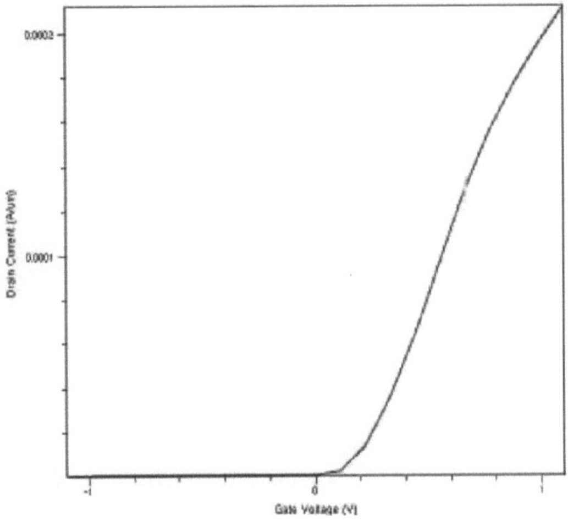

Fig.5.25 vs para N-Tantalum FinFET (   )

5.24 CARACTERÍSTICAS DA CORRENTE DE DESACTIVAÇÃO PARA N-FINFET (TÂNTALO)

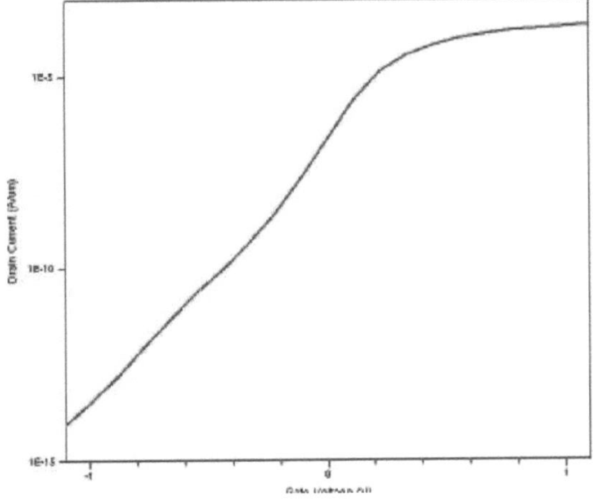

Fig.5.26 vs para N- Tantalum FinFET (   )

Usando o tântalo como material de porta, o dispositivo N-FinFET foi construído e a corrente ON (I_{on}) foi encontrada em 2.125e-04 A/μm e a corrente off (I_{off}) foi encontrada em 2.176e-06 A/μm.

5.25 CARACTERÍSTICAS DA CORRENTE DE LIGAÇÃO PARA P-FINFET (TÂNTALO)

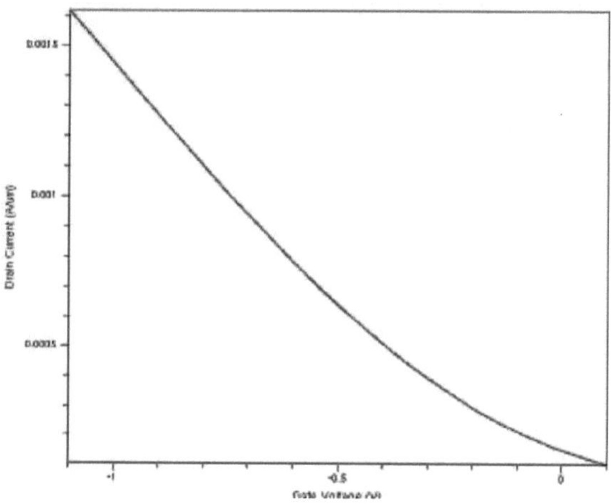

Fig.5.27 vs para P- Tantalum FinFET (   )

5.26 CARACTERÍSTICAS DA CORRENTE DE DESACTIVAÇÃO DO P-FINFET (TÂNTALO)

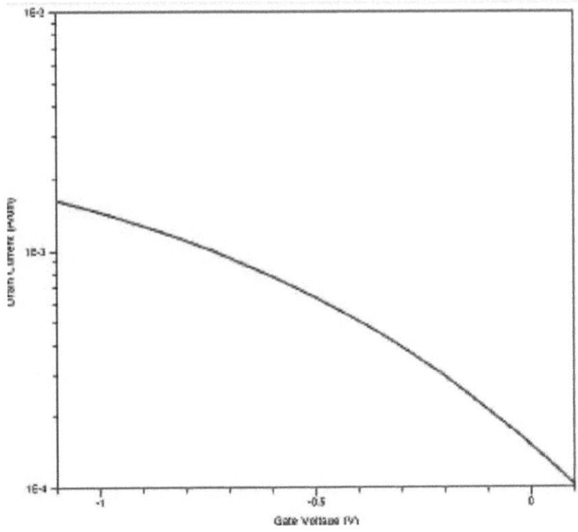

Fig.5.28 vs para P- Tantalum FinFET (   )

Usando o tântalo como material de porta, o dispositivo P-FinFET foi construído e a corrente ON (I_{on}) foi encontrada como 1,616e-03 A/μm e a corrente off (I_{off}) foi encontrada como 1,507e-04 A/μm.

5.27 6-T FINFET SRAM SNM PLOT (TÂNTALO)

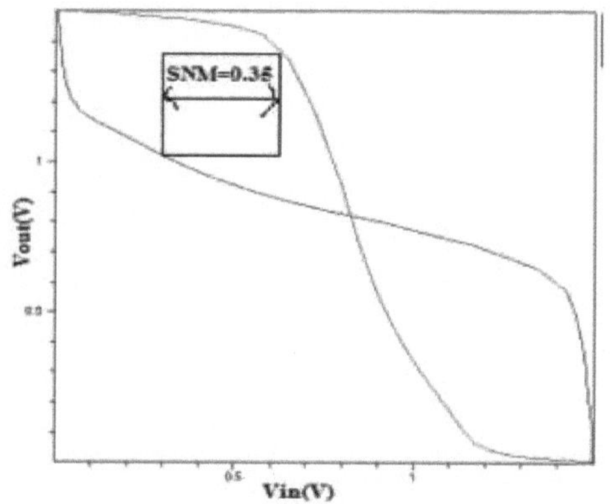

Fig.5.29 Gráfico SNM da SRAM 6-T FinFET (Tântalo)

Usando tântalo como material de porta, a célula SRAM 6-T foi construída usando FinFET e o valor SNM foi encontrado em 0,35V.

5.28 CARACTERÍSTICAS DA CORRENTE DE LIGAÇÃO PARA N-FINFET (OURO)

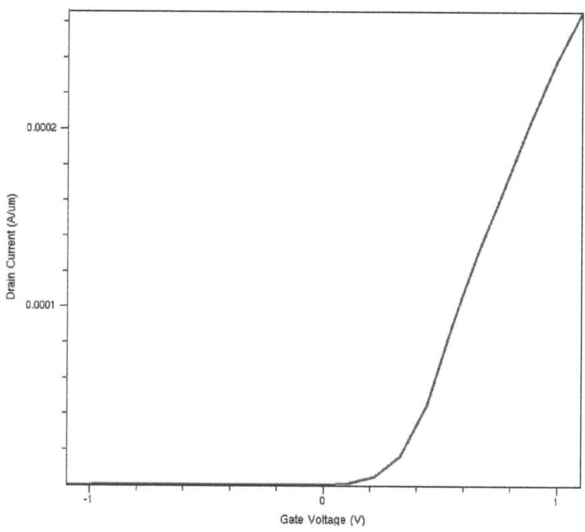

Fig.5.30 vs para N- Gold FinFET (   )

5.29 CARACTERÍSTICAS DA CORRENTE DE DESACTIVAÇÃO PARA N-FINFET (OURO)

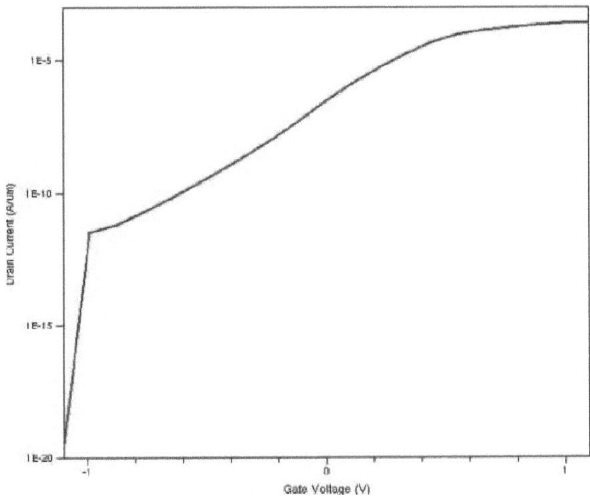

Fig.5.31 vs para N- Gold FinFET (   )

Usando ouro como material de porta, o dispositivo N-FinFET foi construído e a corrente ON (I_{on}) foi encontrada como 2.66e-04 A/μm e a corrente off ($I_{0\,ff}$) foi encontrada como 2.704e-07 A/μm.

5.30 CARACTERÍSTICAS DA CORRENTE DE LIGAÇÃO PARA P-FINFET (OURO)

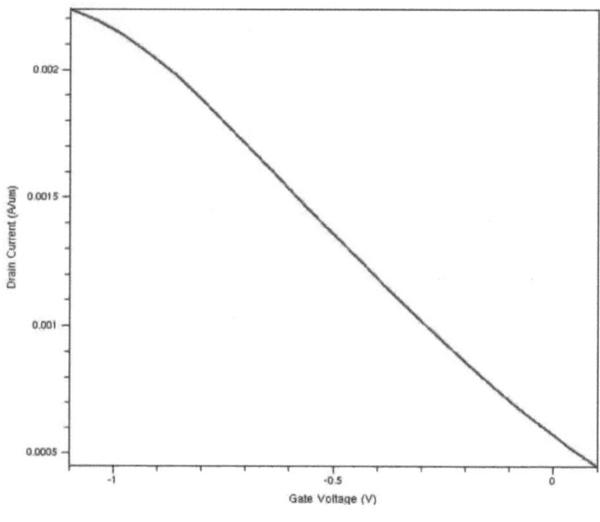

Fig.5.32 vs para P- Gold FinFET (   )

5.31 CARACTERÍSTICAS DA CORRENTE DE DESACTIVAÇÃO DO P-FINFET (OURO)

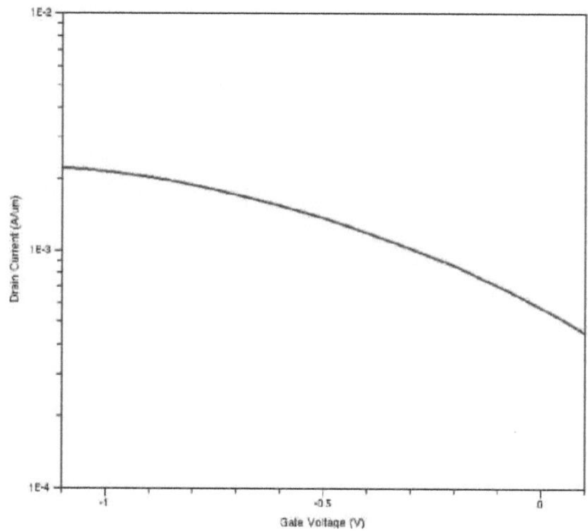

Fig.5.33 vs para P- Gold FinFET (   )

Usando ouro como material de porta, o dispositivo P-FinFET foi construído e a corrente ON (I_{0n}) foi encontrada como 2,237e-03 A/µm e a corrente off (I_{0ff}) foi encontrada como 5,729e-04 A/µm.

5.32 6-T FINFET SRAM SNM PLOT (DOURADO)

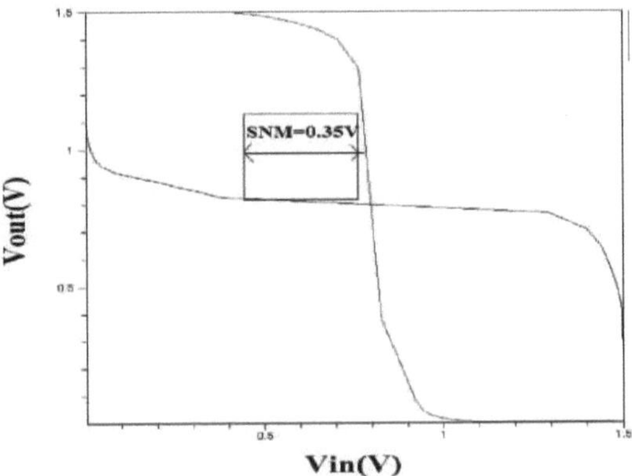

Fig.5.34 Gráfico SNM da SRAM 6-T FinFET (Tântalo)

Utilizando ouro como material de porta, a célula SRAM 6-T foi construída utilizando FinFET e o valor SNM foi de 0,35V.

5.33 SOBRE AS CARACTERÍSTICAS DE CORRENTE DO N-FINFET (TUNGSTÉNIO)

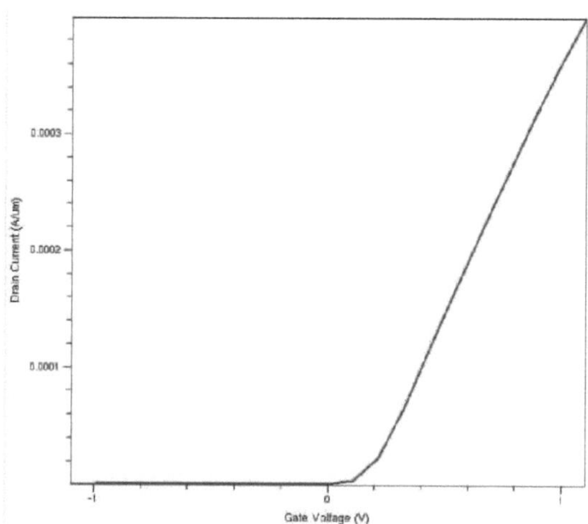

Fig.5.35 vs para N- Tungsténio FinFET (   )

5.34 SOBRE AS CARACTERÍSTICAS DE CORRENTE DO N-FINFET (TUNGSTÉNIO)

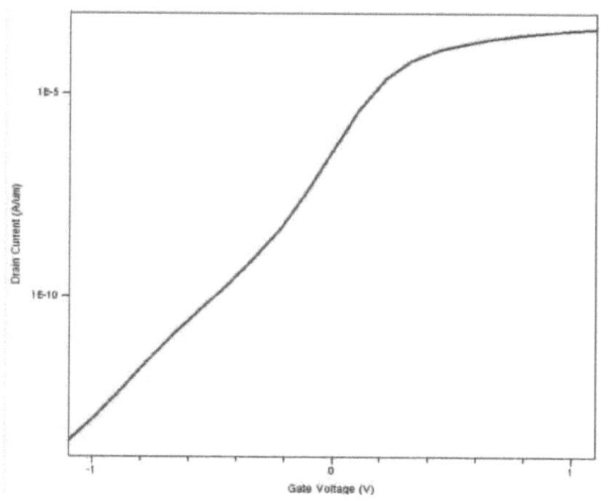

Fig.5.36 vs para N- Tungsténio FinFET (   )

Usando o tungstênio como material de porta, o dispositivo N-FinFET foi construído e a corrente ON

($I_{0\,n}$) foi encontrada como 3,992e-04 A/μm e a corrente off ($I_{0\,ff}$) foi encontrada como 3,624e-07 A/μm.

5.35 SOBRE AS CARACTERÍSTICAS DE CORRENTE DO N-FINFET (TUNGSTÉNIO)

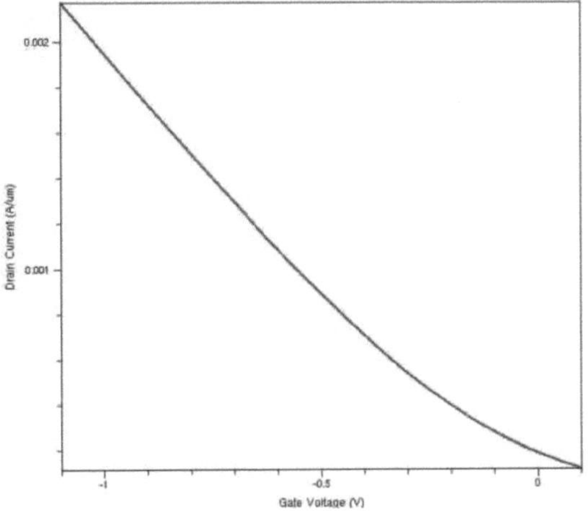

Fig.5.37 vs para P- Tungsténio FinFET (   )

5.36 SOBRE AS CARACTERÍSTICAS DE CORRENTE DO N-FINFET (TUNGSTÉNIO)

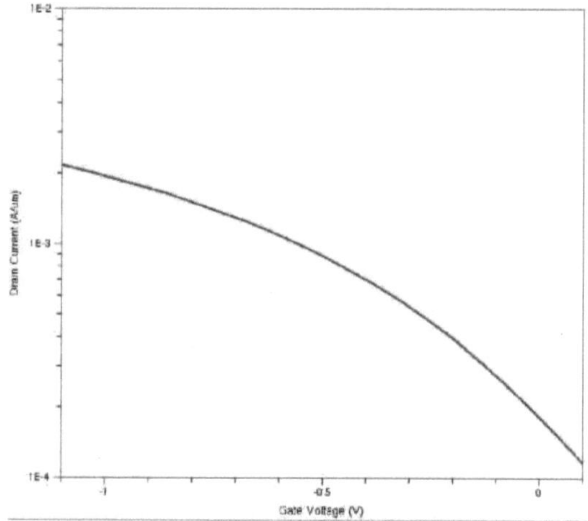

Fig.5.38 vs para N- Tungsténio FinFET (   )

Usando o tungstênio como material de porta, o dispositivo P-FinFET foi construído e a corrente ON ($I_{0\,n}$) foi encontrada como 2,173e-03 A/μm e a corrente off ($I_{0\,ff}$) foi encontrada como 1,835e-04 A/μm.

5.37 6-T FINFET SRAM SNM PLOT (TUNGSTÉNIO)

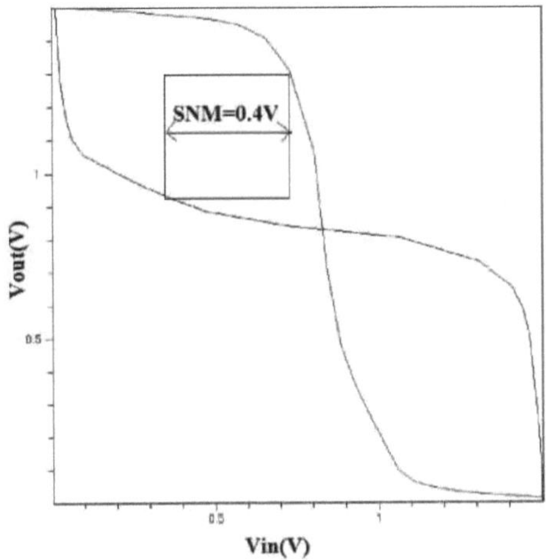

Fig.5.39 Gráfico SNM da SRAM 6-T FinFET (tungsténio)

Utilizando tungsténio como material de porta, a célula SRAM 6-T foi construída utilizando FinFET

e o valor SNM foi de 0,4V.

5.38 CRIAÇÃO DE DISPOSITIVOS 3-D

Depois de abrir a janela do dispositivo Sentaurus utilizando comandos, selecionar o ícone do cuboide

e introduzir as coordenadas adequadas de cada região do dispositivo através da opção de extração de

coordenadas e os materiais adequados desenham o dispositivo. O T_{fin} é tomado como $W_{fin} + 2\ H_{fin}$. A

dimensão da altura para os respectivos parâmetros é tomada como 30nm. A Fig.4.40 mostra uma

representação 3-D do N-FinFET desenhado no TCAD.

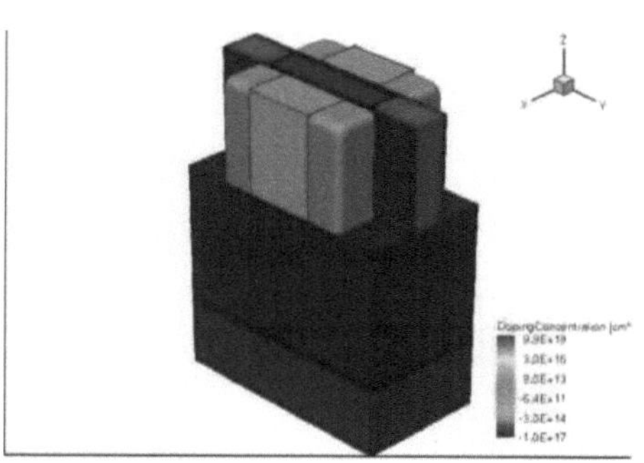

5.39 CARACTERÍSTICAS DA CORRENTE DE LIGAÇÃO PARA N-FINFET 3D (POLI)

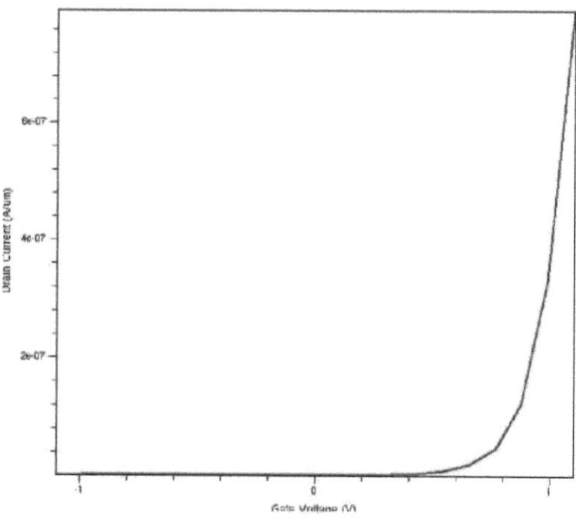

Fig.5.41 vs para N-FinFET (   )

5.40 CARACTERÍSTICAS DA CORRENTE DE DESACTIVAÇÃO DO N-FINFET 3D (POLI)

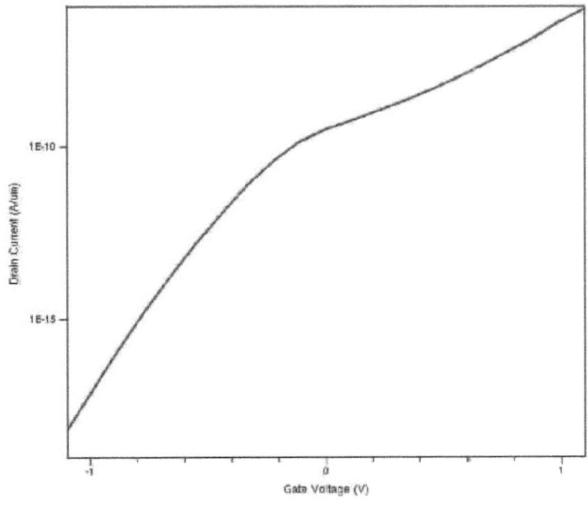

Fig.5.42 vs para N-FinFET (   )

Usando Polysilicon (Poly), o dispositivo 3D N-FinFET foi construído e a corrente ON (I_{0n}) foi encontrada para ser 7.932e-07 A/μm e a corrente off (I_{0ff}) foi encontrada para ser 2.975e-10 A/μm.

5.41 SOBRE AS CARACTERÍSTICAS DE CORRENTE DO P-FINFET 3D (POLI)

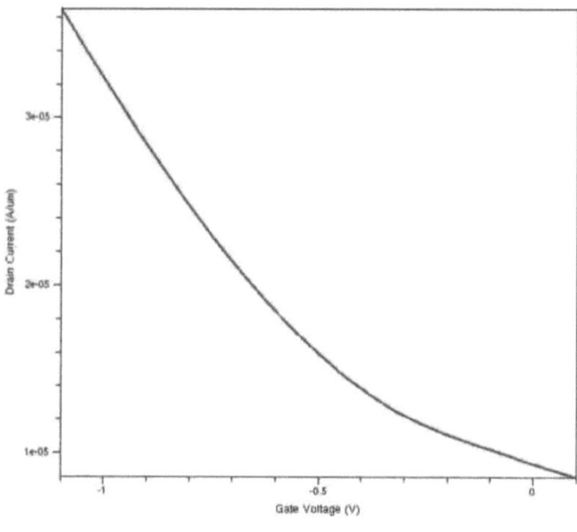

Fig.5.43 vs para P- FinFET (   )

5.42 CARACTERÍSTICAS DA CORRENTE DE DESACTIVAÇÃO DO P-FINFET 3D (POLI)

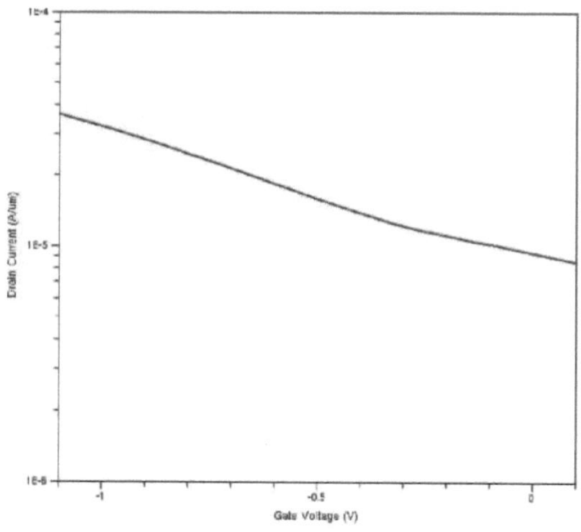

Fig.5.44 vs para P- FinFET (   )

Usando Polysilicon (Poly), o dispositivo 3D P-FinFET foi construído e a corrente ON (I_{0n}) foi encontrada para ser 3.652e-05 A/µm e a corrente off (I_{0ff}) foi encontrada para ser 9.346e-06 A/µm.

5.43 6-T 3D FINFET SRAM SNM PLOT (POLY)

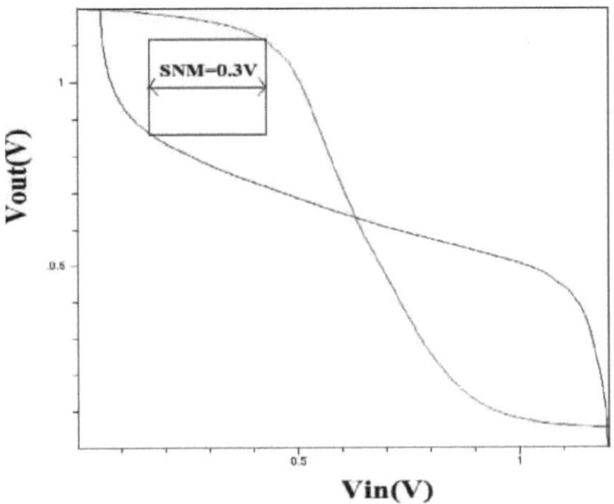

Fig.5.45 Gráfico de SNM da SRAM FiinFET 6-T 3-D (Poly)

Utilizando o polissilício (Poly) como material de porta, a célula SRAM 3D 6-T foi construída utilizando FinFET e o valor SNM foi de 0,3 V, o que tem mais estabilidade do que a estrutura 2D (Fig. 5.15)

CAPÍTULO 6 ANÁLISE DAS CARACTERÍSTICAS DOS DISPOSITIVOS

Quadro 6.1 Análise de diferentes materiais de portas

Dispositivo	DIBL(mV/V)	Variação do sublimiar (mV/dec)	Limiar Tensão (V)
FinFET (Poli)	0.379	171.861	0.223
Tântalo	0.247	111.927	0.165
Molibdénio	0.105	112.492	0.135
Ouro	0.397	98.547	0.637
Tungsténio	0.012	112.012	0.130
3-DFinFET (Poli)	0.105	102.155	0.254

CAPÍTULO 7 COMPARAÇÃO DE DISPOSITIVOS COM DIFERENTES MATERIAIS DE PORTA

Tabela 7.1 Comparação de diferentes materiais de portões

METAL (FinFET)	CORRENTE LIGADA (N) em A/μm	CORRENTE DE DESLIGAMENTO (N) em A/μm	CORRENTE LIGADA (P) em A/μm	CORRENTE DE DESLIGAMENTO (P) em A/μm	SNM (V)
Poli-silício	3.109e-06	4.9449e-9	4.794e-04	7.173e-05	0.18
Molibdénio	8.85e-05	8.77e-12	2.576e-08	7.226e-04	0.55
Tântalo	2.125e-04	2.176e-06	1.617e-03	1.507e-04	0.35
Ouro	2.66e-04	2.704e-07	2.237e-03	5.729e-04	0.35
Tungsténio	3.99e-04	3.624e-07	2.173e-03	1.835e-04	0.4
MOSFET (Poli)	1.158e-03	9.312e-08	4.553e-02	2.165e-02	0.2
MOSFET (Moly)	7.204e-04	4.549e-09	7.844e-03	7.62e-04	0.36
3-D Poly FinFET	7.932e-07	2.965e-10	3.652e-05	9.346e-06	0.3

CAPÍTULO 8 CONCLUSÃO

Os dispositivos FinFET e MOSFET foram projetados para a tecnologia de 20 nm e a corrente ON, a corrente OFF foram calculadas e verificou-se que o dispositivo FinFET tem menos corrente OFF quando comparado ao MOSFET. A corrente OFF do N-MOSFET (Poly) foi encontrada em 9,3122 A/μm e a corrente OFF do N-FinFET (Poly) foi encontrada em $4{,}9449e^{-09}$ A / μ m. Isso prova que o FinFET fornece menos corrente de fuga do que o MOSFET.que é adequado para aplicações de baixa potência. A SRAM 6-T foi construída utilizando MOSFETs e FinFETs e a margem de leitura SNM foi calculada. Entre todos os materiais de porta, o molibdénio proporciona uma melhor SNM e, por conseguinte, uma melhor estabilidade.

REFERÊNCIAS

[1]   E. J. Nowak et al., "Turning silicon on its edge," IEEE Circuits Devices Mag. pp.2031, Jan/Fev, 2004.

[2]   K. Kim et al., "Double gate CMOS: symmetrical versus asymmetrical gate devices," IEEE Trans. Electron Devices, vol. 48, pp.294-299, Fev. 2001.

[3]   K. Kim et al., "Leakage power analysis of 25 nm double gate CMOS devices andcircuits," IEEE Trans. Electron Devices, Vol. 52, No. 5, pp. 980- 986, maio de 2005.

[4]   M.-H. Chiang et al., "Optimal Design of Triple-Gate Devices for High- Performance and Low-Power Applications," IEEE TED, vol. 55, no 9, Sep. 2008.

[5]   R.V. Joshi et al., "Design of Sub-90 nm Low-Power and Variation Tolerant PD/SOI SRAM Cell Based on Dynamic Stability Metrics", IEEE JSSCC 2009, Vol. 44, pp. 965-976.

[6]   Z. Guo et al., "FinFET-Based SRAM Design, ISLPED" pp. 2-7, agosto de 2005.

LISTA DE ABREVIATURAS

SOI	-	Silicon-on-Insulator
DG	-	Double Gate
DIBL	-	Drain-Induced Barrier Lowering
RVT	-	Regular Threshold Voltage
HVT	-	High Threshold Voltage
SNM	-	Signal Noise Margin

I want morebooks!

Buy your books fast and straightforward online - at one of world's fastest growing online book stores! Environmentally sound due to Print-on-Demand technologies.

Buy your books online at
www.morebooks.shop

Compre os seus livros mais rápido e diretamente na internet, em uma das livrarias on-line com o maior crescimento no mundo! Produção que protege o meio ambiente através das tecnologias de impressão sob demanda.

Compre os seus livros on-line em
www.morebooks.shop

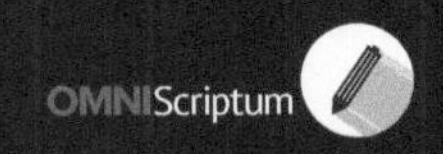

Printed by Books on Demand GmbH, Norderstedt / Germany